認識香港系列

找找看　美麗的香港

作者：新雅編輯室

繪圖：ruru lo Cheng

責任編輯：張雲瑩

美術設計：黃觀山

出版：新雅文化事業有限公司

香港英皇道499號北角工業大廈18樓

電話：（852）2138 7998

傳真：（852）2597 4003

網址：http://www.sunya.com.hk

電郵：marketing@sunya.com.hk

發行：香港聯合書刊物流有限公司

香港荃灣德士古道220-248號荃灣工業中心16樓

電話：（852）2150 2100

傳真：（852）2407 3062

電郵：info@suplogistics.com.hk

印刷：中華商務彩色印刷有限公司

香港新界大埔汀麗路36號

版次：二〇二二年六月初版

二〇二四年三月第三次印刷

ISBN: 978-962-08-8051-3

18/F, North Point Industrial Building, 499 King's Road, Hong Kong

Published in Hong Kong SAR, China

Printed in China

找找看 美麗的香港

新雅編輯室　編

ruru lo Cheng　繪

新雅文化事業有限公司
www.sunya.com.hk

給孩子的話

小朋友，你們喜歡跟爸爸媽媽在假日到處逛逛嗎？

香港素有購物和美食天堂之稱，購物消閒娛樂應有盡有，滿足人們吃喝玩樂的需求。可是，同時作為東方之珠的香港，又怎會只有外表而沒有內涵呢？

自回歸祖國以來，香港這個彈丸之地發生了許多美好的變化，而這些變化涵蓋文娛、體育、科技、環境及保育、藝術等方面。本書精選了香港12個具代表性的地方，以精緻的大型情境圖呈現香港在方方面面的發展。從文娛和體育方面的地方之中，你可以體驗到在海濱散步的寫意、在單車館裏大展身手的舒暢、在纜車上欣賞美景的愜意；從科技、環境及保育方面的地方之中，你可以感受到香港在推動創新科技方面的眼界，同時透過保育計劃保留大自然給我們的瑰寶；從藝術方面的地方之中，你可以體會到香港一邊活化修葺古蹟，一邊興建嶄新的藝術地標，在舊事物和新事物之間取得平衡，而新事物之中以2022年開放的香港故宮文化博物館最令人期待——這裏會展示各種珍貴文物，是一處學習中國優良傳統、文化和藝術的好地方。

本書精選的12個地方均附「小檔案」、「找一找」和「挑戰站」的欄目，精簡地介紹各個地方的特色，同時考考你的眼力和智力，找出隱藏在大型情境圖中的人物和事物，以及破解謎題！

小朋友，現在就來跟着本書的兩位主角小華和大華遊歷香港，認識美麗的香港吧！

目錄

文娛、體育

| 中環海濱活動空間 | 6 | 香港單車館 | 8 |
| 鰂魚涌海濱花園 | 10 | 昂坪360 | 12 |

科技、環境及保育

| 虎豹樂圃 | 14 | 香港科學園 | 16 |
| 香港地質公園 | 18 | 香港濕地公園 | 20 |

藝術

香港故宮文化博物館	22	M+視覺文化博物館	24
大館	26	PMQ元創方	28
答案	32		

姓名：小華
年齡：6歲
性別：男
興趣：到公園玩耍、上網、吃雪糕
身處時空：1997年的香港

姓名：大華
年齡：31歲
性別：男
興趣：發掘香港有趣的地方、打手機、聽音樂
身處時空：2022年的香港

小華和大華兩個身處不同時空，竟然因緣際會相遇上，你能想像會有什麼事情發生嗎？

1997年陽光明媚的一天，小華在公園裏快樂地玩耍。

突然……

在時空洞裏……

小華「咻」的一聲，從水管滑梯中溜了出來……

這兒是哪裏？

有一個哥哥走上前來扶起小華。

你還好嗎？

你是誰？
這是哪裏？

我是大華，
是25年後的你，
這裏是香港。

那麼，這裏是
2022年的香港？

對啊！香港這
25年來有很多
轉變，我帶你
四處逛逛吧。

中環海濱活動空間

2014年，中環海濱活動空間啟用，那是一大片由填海得來的海濱用地，給人們舉辦嘉年華、演唱會和文化藝術等活動。香港摩天輪是那裏的地標，人們可飽覽維港美景。

小檔案

找找看

1 旗幟　　彩旗

氣球　　遊人　　小丑帽

旋轉木馬　玩偶　吉祥物

過山車　　摩天輪

挑戰站

頑皮的小丑把這些食物收藏起來，每樣食物都有3份，你能把它們找出來嗎？

熱狗　　軟雪糕　　爆谷

香港單車館

2014年，在將軍澳的香港單車館啟用了！這是一座擁有單車賽道的體育館，人們還可以在體育館內打羽毛球、乒乓球和籃球。如果你是單車迷，就要勤加練習，待你長大一點，便可能有機會在場館裏比賽騎單車呢！

哥哥，
你很強壯！

找找看

裁判員　醫護人員

啦啦隊員　觀眾　後備球員

球員　單車

攝錄機　頭盔　獎杯

挑戰站

你覺得香港單車館的外型像什麼呢？

單車頭盔　忌廉蛋糕　爆旋陀螺

鰂魚涌海濱花園

2012年，位於港島鰂魚涌的鰂魚涌海濱花園開幕了！這裏面向維港，擁有無敵海景，無論跑步、散步和休憩都是賞心樂事。這兒更是一個寵物公園，到處長滿樹本和草坪，足以讓愛犬玩樂，是一個遛狗的好地方！

找找看

玩滑板車的小孩

緩步跑的人

垂釣的人

雪橇犬

貴婦狗

金毛尋回犬

斑點狗

跳籐圈的狗

喝水的狗

巴哥犬

挑戰站

狗狗的東西不見了，每樣都有3份，你能找出來嗎？

狗糧盤

玩具球

骨頭

11

昂坪360

由2006年起，大嶼山又多了一個適合一家大小玩樂消閒的好去處！快快來乘坐昂坪360纜車，如果你有膽量，可以選擇乘坐水晶纜車，腳底下的湖光山色更是盡收眼底！下車後，你還可以漫步昂坪市集和天壇大佛，或在心經簡林玩捉迷藏！

天壇大佛坐落在高處，拾級而上的人們，無不感受到大佛的莊嚴！

找找看

雪糕　　　窗門

鴨嘴帽　　手拿拐杖的　　戴太陽鏡
　　　　　老伯伯　　　的人

手拿繪馬的人　　手拿咖啡的人

開心女孩　　參拜的人　　小丑

挑戰站

請猜猜下面的景點叫什麼名字！

①　　　②　　　③　　　④

A. 天壇大佛　　　B. 心經簡林

C. 寶蓮禪寺　　　D. 水晶纜車

虎豹樂團

2019年，在香港大坑道的虎豹樂圃正式開幕了！這裏的前身是虎豹別墅，以俗稱「十八層地獄」的浮雕最為聞名，是很多小朋友的公公婆婆或爸爸媽媽曾到此一遊的旅遊景點。經活化後，浮雕拆卸了，變成了石刻，而別墅則成為中西音樂文化的交集地。

如果你已經是演奏級人馬，也可在這裏作出公開表演呢！

如果你喜歡彈奏樂器，可以在這裏參加樂器訓練班。

找找看

牛郎雕塑

織女雕塑

園丁

老虎雕塑

拉二胡的人

拉大提琴的人

手拿小提琴的人

指揮家

打中國鼓的人

在彈古箏的人

挑戰站

演奏隊伍獲邀到外地表演，其中三位團員把以下的3樣東西遺失了，合共9件。你能替他們找回失物嗎？

護照

行李箱

密碼鎖

香港科學園

2004年，在吐露港沿岸，香港科學園第一期正式落成！時至今日，遙望科學園，可以看見一座金光閃閃的建築物，那就是「高錕會議中心」。科學園致力於發展AI人工智能、生物醫療和通訊科技等。在香港研發的沖奶茶機械人金仔，可算是AI人工智能的佼佼者。

找找看

 戴VR眼鏡的人

 科研人員

 AI機械人

 霧化消毒機械人

 紫外光消毒機械人

 聊天機械人

 減肥機械人

 送餐機械人

 無人駕駛智能車

 沖奶茶機械人金仔

挑戰站

沖奶茶機械人金仔不知道工作人員把沖奶茶的物品放在哪裏，每樣都有3份，你能找出來嗎？

 黑白淡奶

 沖奶茶用茶壺

 奶茶杯

17

香港地質公園

2009年，位於新界的香港地質公園開幕了！香港地質公園包括新界東北沉積岩和西貢東部的火山岩兩大園區，其中以西貢火山岩園區的六角型岩柱羣更為聞名，岩柱的橫砌面多是六邊形，體積粗大，直徑大多有1米多呢！

香港地質公園已被聯合國教科文組織列入世界地質公園名錄了呢！

找找看

吹泡泡的小孩

用放大鏡看石子的小孩

拍照的人

眺望大海的人

導賞員

地質研究學家

魚兒

沙蟹

鎖匙扣

名信片

挑戰站

今天小明一家到香港地質公園一日遊，糊塗的爸爸把背包遺失了，一家三口的午餐也沒有了，你能替爸爸找回午餐嗎？

盒裝牛奶　　三文治　　蘋果

香港濕地公園

小檔案

2006年，在天水圍的香港濕地公園開幕了！那裏是一個自然生態保育區，有來自北方過冬的候鳥、有愛穿花衣裳的蝴蝶、也有愛在泥漿裏浸浴的彈塗魚，以及因環境破壞而日漸減少的紅樹林。

蝴蝶先生，你的衣服很漂亮啊！

找找看

原尾蜥虎

黑臉琵鷺　　琵嘴鴨　　報喜斑粉蝶

黑眶蟾蜍　　玩具熊　　彈塗魚

招潮蟹　　曉褐蜻　　條紋四鬚鲃

挑戰站

夏天天氣炎熱，郊遊時一定要準備充足，以防中暑。以下的消暑用品，每樣都有3份，它們給黑臉琵鷺小姐藏起來了，你能找出來嗎？

瓶裝水　　水壺　　鴨嘴帽

香港故宮文化博物館

2022年，香港又新增了一個地標，那就是位於西九文化區西面的香港故宮文化博物館。小朋友，你想多看看有關中國的藝術和文化嗎？這裏的展品包括書畫、陶瓷、肖像等，一定能滿足你熱愛中國文化的心！

找找看

中式花瓶

中式茶壺

皇帝

穿着古裝的人

在嚎啕大哭的人

睡佛雕像

玉璽

上班族

埋頭埋腦看手機的人

古代雕刻家

挑戰站

博物館管理員竟然把下面的東西遺失了，每樣都有3份，試把它們找出來。

博物館地圖

博物館鑰匙

巡邏用電筒

M+視覺文化博物館

2021年，在西九文化區的M+視覺文化博物館開幕了！展覽作品包括：中西近代藝術作品和建築設計展品。博物館還有一個巨型的LED幕牆，可用來放映流動影像作品！小朋友，原來流動影像也包括了你們愛看的動畫和電影呢！

找找看

踏單車的人　　跑步的人

街頭表演　　欣賞展覽　　喝飲品
的人　　　　的人　　　　的人

椅子展品　　陶泥公仔　　雕塑展品

沙發展品　　掛畫展品

挑戰站

小丑在表演街頭雜技，但他把道具遺失了，每樣道具都有3份，你能替小丑找出來嗎？

球　　　保齡球　　膠環
　　　　瓶子

大館

2018年，在中環的大館正式開幕了！大館的前身是中區警署、中央裁判司署和域多利監獄，政府把這些古蹟活化修葺，並加建了兩座新式建築物——賽馬會藝方和賽馬會立方後，這兒就成為欣賞古蹟、藝術、音樂、話劇、購物消閒等等的好去處了。在2019年，大館更榮獲「聯合國教科文組織亞太區文化遺產保護獎」最高級別的卓越獎項。

小檔案

這兩座黑色的建築物跟其他建築物很不同呢！

找找看

男話劇演員　　演員朱麗葉

一對兄妹　　羅馬人雕像　　鴿子

囚犯　　莎士比亞　　女話劇演員

馬匹雕像　　人頭獅身雕像

挑戰站

新話劇快上演了，可是話劇演員忘了把道具放在哪裏，每樣都有3份，你能找出來嗎？

劍　　火炬　　寶石

PMQ元創方

PMQ元創方原本是已婚警察宿舍，是一座位於中環的老舊住宅，經活化修葺後，在2014年變成年青設計師售賣各式產品的地方。你有空時可以去逛逛元創方，因為年青設計師的產品有時會令你耳目一新！

年青設計師的創作很新穎！

這尤其吸引年青一代！

找找看

裙子

籃球球衣

頭戴高帽的紳士

打瞌睡的食客

卡通雕像

古董掛牆鐘

企鵝電熱水瓶

項鍊

玩具車

手袋

挑戰站

忙碌的設計師竟然遺忘了精心設計的椅子在哪裏，它們每款都有3張，你試試幫設計師找出來吧。

特色座椅3款

我們的旅程要結束了！小朋友，你也和小華一起畫畫看，把你心目中的香港畫出來吧！

答案

中環海濱活動空間

昂坪360

挑戰站：①D；②C；③A；④B

香港單車館

挑戰站：單車頭盔

虎豹樂圃

鰂魚涌海濱花園

香港科學園

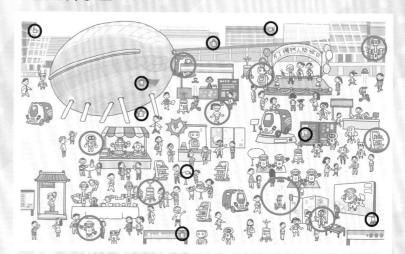

香港地質公園

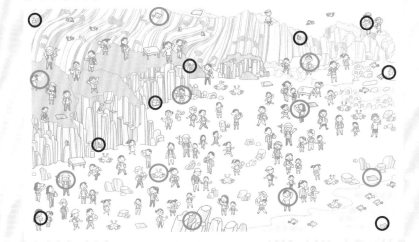

M+視覺文化博物館

香港濕地公園

大館

香港故宮文化博物館

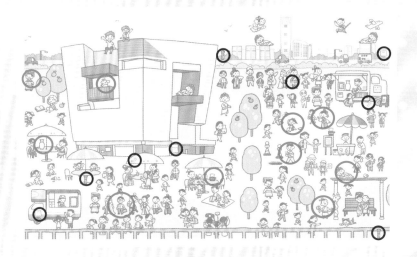

PMQ元創方